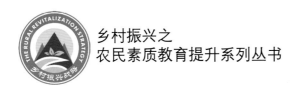

乡村振兴之
农民素质教育提升系列丛书

辣椒高效栽培
技术与病虫害防治图谱

◎ 向 帆 张淑省 主编

U0306511

中国农业科学技术出版社

图书在版编目（CIP）数据

辣椒高效栽培技术与病虫害防治图谱 / 向帆，张淑省主编 . —北京：中国农业科学技术出版社，2019. 7（2024.9重印）

乡村振兴之农民素质教育提升系列丛书

ISBN 978-7-5116-4121-2

Ⅰ . ①辣… Ⅱ . ①向… ②张… Ⅲ . ①辣椒—蔬菜园艺—图谱 ②辣椒—病虫害防治—图谱 Ⅳ . ①S641.3-64 ②S436.418-64

中国版本图书馆 CIP 数据核字（2019）第 061025 号

责任编辑　姚　欢
责任校对　马广洋

出 版 者　中国农业科学技术出版社
　　　　　　北京市中关村南大街12号　　邮编：100081
电　　话　（010）82106631（编辑室）　（010）82109702（发行部）
　　　　　　（010）82109709（读者服务部）
传　　真　（010）82106631
网　　址　http://www.CASTP.cn
经 销 者　全国各地新华书店
印 刷 者　北京捷迅佳彩印刷有限公司
开　　本　880mm×1 230mm　1/32
印　　张　2.875
字　　数　80千字
版　　次　2019年7月第1版　2024年9月第9次印刷
定　　价　26.00元

《辣椒高效栽培技术与病虫害防治图谱》

·········· 编委会 ··········

主　编	向　帆　张淑省
副主编	宋建军　王晓波
	蒋拥军
编　委	关亚萍　段培姿
	常冬梅　曹雪梅

　　农作物病虫害种类多而复杂。随着全球气候变暖、耕作制度变化、农产品贸易频繁等多种因素的影响，中国农作物病虫害此起彼伏，新的病虫不断传入，田间为害损失逐年加重。许多重大病虫害一旦暴发，不仅对农业生产带来极大损失，而且对食品安全、人身健康、生态环境、产品贸易、经济发展乃至公共安全都有重大影响。因此，增强农业有害生物防控能力并科学有效地控制其发生和为害成为当前非常急迫的工作。

　　由于病虫防控技术要求高，时效性强，加之目前我国从事农业生产的劳动者，多数不具备病虫害识别能力，因混淆病虫害而错用或误用农药造成防效欠佳、残留超标、污染加重的情况时有发生，迫切需要一部通俗易懂、图文并茂的专业图书，来指导农民科学防控病虫害。鉴于此，编者组织全国各地经验丰富的培训教师编写了一套病虫害防治图谱。

　　本书为《辣椒高效栽培技术与病虫害防治图谱》，主要包括辣椒高效栽培技术、辣椒的侵染性病害防治、辣椒的生理性病害防治、辣椒的虫害防治等内容。从辣椒的生长习性、环境条件、辣椒的品种、育苗技术以及种植技术等方面对辣椒高效栽培技术进行了简单介绍；并精选对辣椒产量和品质影响较大的15种侵染性病害、16种生理性病害、9种虫害，以彩色照片配合文字辅助说明的方式从病害（为害）特征、发生规律和防治方法等进行讲解。

本书通俗易懂、图文并茂、科学实用，适合各级农业技术人员和广大农民阅读，也可作为植保科研、教学工作者的参考用书。需要说明的是，书中病虫草害的农药使用量及浓度，可能会因为辣椒的生长区域、品种特点及栽培方式的不同而有一定的区别。在实际使用中，建议以所购买产品的使用说明书为标准。

由于时间仓促，水平有限，书中存在的不足之处，欢迎指正，以便及时修订。

编者

2019年3月

CONTENTS 目 录

第一章
辣椒高效栽培技术

一、辣椒的生长习性

辣椒在热带和亚热带地区可多年生或为小灌木，在温带地区则为一年生草本植物，遇霜冻后即枯死。

1. 根

在茄果类蔬菜中与番茄、茄子相比，辣椒的根系较细弱，入土较浅，根量小。而且辣椒根系的木栓化程度高，因而恢复能力差，根系再生力弱，茎基部不易产生不定根。生产上要注意通过土壤耕作等措施培育根系；宜采用穴盘漂浮育苗，浅中耕，以保护根系。

在疏松的土壤里，辣椒主根入土可深达40～50厘米。育苗移栽的辣椒，主根被切断，从残存的主根上和根茎部长出许多侧根，尤其是二级侧根多。整个根系是随子叶的方向，向两侧发展。主要根群分布于10～20厘米土层中。

当辣椒花芽出现时，根系布满植株四周46厘米宽及30厘米深的土壤中。当植株进入成株期，其侧根已分布于91厘米深处，平行生长的侧根也转向下达61～91厘米深的土壤中，有的根深达90～122厘米。

2. 茎

辣椒茎直立，基部木质化，较坚韧；上部半木质化，空心。表皮黄绿色、绿色或紫色，有紫色或深绿色纵纹。少数品种茎的分枝上着生茸毛。主茎高30～150厘米，因变种、品种不同而有差异。

茎的分枝很规则，一般为双叉分枝，也有三叉分枝。每一分叉处都着生一朵或多朵花。所以一般分枝性强，节间短而密的品种丰产性好。一般小果型品种分枝多，开展度大，如小米辣就有20～30个分枝；大果型品种分枝少，开展度小，如甜椒仅有几个分枝。

同一植株上，分枝着生的角度不同，其生长和结实性能也有差异。角度小于60°的叫水平侧枝；大于60°的叫垂直分枝。水平侧枝着生节位低，开花结果较早，生长速度及生长量小，不会造成徒长，与单株结果性能成正相关。保留水平枝不仅可提高早熟性，也能增产。垂直侧枝除受品种遗传因素控制外，还受密度、氮肥等环境条件的影响。氮肥多、过密则垂直枝多，会徒长落花，应除去过多的垂直分枝。对于主要是垂直分枝的植株高大的中晚熟品种，如小米辣、朝天椒等应适当稀植，并除去部分垂直分枝，乃丰产的关键。分枝着生位置不同，其开花、结果时间差异较大。靠近地面的侧枝比远离地面的侧枝，花芽分化晚。植株基部枝开花坐果晚，其开花期与门椒以上4次或5次分枝的开花大致相同。因此，生产上一般将第一分叉以下的基部侧枝尽早摘除，有利于上部侧枝结果。但有的品种基部侧枝开花坐果较早，所以不必摘除。

辣椒的分枝结果习性，又可分为无限分枝和有限分枝两种类型。①无限分枝型：当主茎长到4～15片叶时，顶芽分为花芽，由其下2～3叶节的腋芽抽生出生长势大致相当的2个侧枝，花（果实）着生在分叉处。各个侧枝又不断依次分枝、开花。这一类型的辣椒，在生长季节可无限分枝，一般株型较大。绝大多数栽培品种均属此类。②有限分枝：当主茎生长一定叶数后，顶芽分化出簇生的多个花芽，由花簇下面的腋芽生出分枝，分枝的叶腋还可抽生副侧枝。在侧枝和副侧枝的顶端形成花簇，然后封顶，此后植株不再分枝。这一类型的辣椒由于分枝有限，通常株型较矮。多数簇生椒属此类。

3.叶

辣椒幼苗出土后最早出现的两枚对生而偏长形叶为子叶。子叶绿色，宽披针形。以后长出的叶面积较大而互生的叶为真叶。真叶展开前，幼苗主要靠种子中贮藏的养分和子叶进行光合作用制造的养分而生存。种子不饱满，则子叶弱畸形。当苗床水分不足，子叶不舒展；水分过多，或床温过低，或光照不足，则子叶发黄，提前凋萎。在良好的育苗条件下，子叶在茎秆上能健壮生长。子叶生长的状况是判断幼苗健壮与否的标志之一。

辣椒的真叶为单叶，在茎上按2/5的叶序互生，卵圆形、披针形或椭圆形，全缘，先端尖，叶面光滑。叶长一般5～15厘米，宽1.5～3厘米。叶色因品种不同而有深浅之别。叶色深绿的则叶绿色含量高、同化能力强。辣椒叶片较小，蒸发孔少，这是它比较耐旱的特征。叶片的形状、颜色、大小、厚薄随生育条件而变化。如果昼夜温度偏低，叶片则狭小，色淡黄，叶柄短而叶片下垂；昼夜温度偏高，叶柄长、叶大而薄，色淡绿，昼温较高，夜温较低，叶柄适中，叶片肥大、厚实，叶色绿而有光泽。这说明较低的夜温有利于养分积累。土壤干燥少水，叶片窄小，叶色深，叶柄弯曲，叶片下垂；土壤水分适宜时，则叶片宽大，叶肉肥厚，深绿色；土壤水分过多时，叶柄撑开而整个叶片下垂。如果肥料过多，或叶面喷肥过浓，叶片生长受抑制，叶面皱缩，心叶变细长，甚至呈线状类似病毒病。氮肥不足，叶片发黄，叶肉薄。氮、磷营养良好时，甜椒叶片成尖端长的三角形。

4. 花

辣椒的花较小，为完全花。花的结构分为：花萼、花冠、雄蕊、雌蕊，基部有花柄与果枝相连接，多数辣椒品种的花单生，少数簇生。一般当主茎分化出4～15片叶时，顶芽分化为花芽，形成第一朵花。其下的侧芽抽出分枝，侧枝顶芽又分化为花芽。以后每一分叉处着生一朵花。第一朵花着生节位的高低与品种熟性密切相关。一般早熟品种4～11节分叉生花，中晚熟品种第一朵着生11～15节。有的辣椒变种在主茎第8～12节处丛生数朵花。

花萼：花萼基部连成萼筒，呈钟形，浅绿色，先端5～6齿较短、小，位于花冠外的基部。其作用是保护蕾果，并能进行光合作用，制造养分供给蕾果。

花冠：花冠由5～7枚花瓣组成，基部合生，与雄蕊的基部相连，呈乳白色、紫色或浅黄色。花冠基部有蜜腺，具有保护和吸引昆虫的作用。开花1～2天后，花冠便慢慢萎蔫，4～5天随着子房生长而逐渐脱落。

雄蕊：有5～7枚，由花丝和顶部膨大的花药组成。花丝细长白色或淡紫色，花药长卵形、淡紫色。每个花药有两个药室，内有花粉。雄蕊围生于雌蕊外面，与雌蕊的柱头平齐或柱头略高于花药，称为正常花或长花柱花。辣椒花一般朝下开，花药成熟后纵裂，散出微黄色花粉，落在靠得很近的柱头上，完成自花授粉。当营养状况不良或环境条件异常时，则形成短花柱花，短花柱花由于柱头低于花药，花药开裂时大部分花粉不能落在柱头上，授粉机会很少，所以通常几乎完全落花。即使进行人工授粉，也往往由于子房发育不完全而结实不良，因此生产上应尽量减少短花柱花的出现。

雌蕊：由柱头、花柱和子房三部分组成。花柱白色或紫色，位于中央，顶端为柱头。柱头上有刺状隆起，成熟的花柱头上还分泌黏液，便于黏着花粉。花柱和柱头有2~4条纵脊沟，其数目与子房心室相等。子房有2~4个心室，上位子房。外界条件适宜时，授粉后花粉萌发，花粉管通过花柱到达子房，完成受精，精卵细胞结合，形成种子。与此同时子房发育膨大成果实。

5. 果实

由于辣椒的分枝、花的着生比较规律，所以一般将主茎先端着生的果实叫门椒，一次侧枝上着生的果实叫对椒，再往上依次叫四母斗、八面风、满天星。辣椒果实属浆果，由肉质化的果皮和胎座等组成，果皮与胎座之间是一个空腔，由隔膜连着胎座，把空腔分为2个（多数辣椒）或3~4个（甜椒）心室。辣椒主要食用部位是果皮，俗称是果肉。果肉厚度是辣椒的一项品质指标。一般果肉厚0.1~0.8厘米。辣椒的果形分为方灯笼形、长灯笼形、扁圆形、牛角形、羊角形、线形、长圆锥形、短圆锥形、长指形、短指形、樱桃形等。

二、辣椒的生长环境条件

1. 辣椒对土壤的要求

辣椒对土壤类型的要求不严格。各种土壤都可以栽植，但要获得高产优质对土壤的选择还是有讲究的。一般来说，土质黏重、肥水条件差的缓坡地，适宜栽植耐旱、耐瘠的线椒或可以避旱保收的早熟辣椒，大果形、肉质较厚的品种须栽培在土质疏松、肥水条件极好的河岸或湖区的沙质土壤上，或灌溉方便、土层深厚肥沃的土壤，才能获得高产。

辣椒对土壤酸碱度的一般适宜范围为pH值=6.2～7.2，呈中性或弱酸性为好，辣椒忌连作。连作病虫害多，植株发病严重，土壤养分状况也失去平衡，不利于辣椒生长，产量和质量都下降，最好施行水旱轮作或多年轮作。

辣椒忌土壤地下水位高，土壤通气性差。在含水量多、土壤孔隙小的情况下，会造成氧缺乏、二氧化碳含量高，对辣椒根系易产生毒害作用，使根系生长发育受到阻碍，因此，种植辣椒的土壤要有良好的通透性。

2. 辣椒对光照的要求

辣椒属喜光植物，除了在发芽阶段不需要光照外，其他生育阶段都要求有充足的光照。幼苗生长发育阶段需要良好的光照条件，这是培育壮苗的必要条件。光照足，幼苗的节间就短，茎粗壮，叶片厚，颜色深，根系发达，抗逆性强，不易感病，苗齐苗壮，从而为高产打下良好的基础；若光照不足，幼苗节间伸长，含水量增加，叶片较薄，颜色浅，根系不发达。

3. 辣椒对温度的要求

辣椒属喜温作物。辣椒种子发芽的适宜温度为25～30℃，超过35℃或低于10℃都不能较好发芽。25℃时种子发芽需4～5天，15℃时需10～15天，12℃时需20天以上，10℃以下则难以发芽或停止发芽。苗期往往地温、气温较低，幼苗生长缓慢，要采取人工增温办法防寒、防冻。种子出芽后，随秧苗的长大，耐低温的能力亦随之增强，具有3片真叶，能在5℃以上不受冷害。种子出芽后在25℃时，生长迅速，但极瘦弱，必须降低温度至20℃左右，以保持幼苗缓慢健壮生长，使子叶肥大，对初生真叶和花芽分化有利。

辣椒生长发育的适宜温度为20～30℃，低于15℃时生长发育迟缓，持续低于5℃则植株可能受害，0℃时植株易受冻害。辣椒在生长发育时期适宜的昼夜温差为6～10℃，以白天26～27℃，夜间16～20℃比较适合。这样的温度可以使辣椒白天能有较强的光合作用，夜间能较快而且充分地把养分运转到根系、茎尖、花芽、果实等生长中心部位去，并且减少呼吸作用对营养物质的消耗。植株开花授粉期要求夜间温度15.5～20.5℃为适宜，低于15℃受精不良，大量落花，低于10℃，不开花，花粉死亡，难以授粉，易引起落花落果和畸形果。

辣椒怕高温，白天温度升到35℃以上时，花粉变形或不孕。不能受精而落花，即使受精，果实也不发育而干萎。果实发育和转色，要求温度在25℃以上。总的来说，辣椒植株生长适宜的温度因生长发育的过程不同而不同。从子叶开展到5～8片真叶期，对温度要求严格，如果温度过高或过低，将影响花芽的形成，最后影响产量。品种不同对温度的要求也有很大差异。大果形品种比小果形品种不耐高温。

4. 辣椒对水分的要求

辣椒是茄果类蔬菜中较耐旱的作物，蒸发所消耗的水分比其他植物少得多，因为它的叶片比同科其他作物的叶片较小，背部针毛稀少。一般小果类型辣椒品种比大果类型品种耐旱，在生长发育过程中所需水分相对较少。辣椒在各生育期的需水量不同，种子只有吸收充足的水分才能发芽，但由于种皮较厚，吸水速度较慢，所以催芽前先要浸泡种子6～8小时，使其充分吸水。浸泡时间过短，达不到催芽的目的，而且有可能因吸水不充足、不均匀，在催芽处理过程中会伤害种子。浸泡时间过长，会造成营养外流，氧气不足而影响种子的生命力。幼苗植株需水较少，此时又值低温弱光季节，土壤水分过多，通气性差，缺少氧气，根系发育不良，植株生长纤弱，抗逆性差，利于病菌侵入，造成大量死苗，故在这期间苗床不要灌水，以控温降湿为主。移栽后，植株生长量加大，需水量也随之增加，此期内要适当浇水，满足植株生长发育的需要，但仍要适当控制水分，以利于地下部根系伸长发育，控制地上部枝叶徒长。初花期，需水量增加，要增加水分，以促进植株分枝开杈、花芽分化、开花、坐果。果实膨大期，需要充足的水分，如果水分供应不足，果实不能膨大或膨大速度慢，果面皱缩，弯曲，色泽暗淡，形成畸形果，降低产量和品质，所以此期间供给足够的水分，是获得优质高产的重要措施。长江流域5—6月正处于梅雨季节，降水量大，土壤水分高，空气湿度大，易发生沤根、叶片黄化，要挖好排水沟，做到畦上不积水。炎热季节辣椒昼夜水分蒸发量为37.5～45吨/公顷。由于高温干旱，水分供应不足，满足不了辣椒蒸腾的需要，叶片气孔关闭，出现萎蔫现象，光合作用不能正常进行，就会严重影响辣椒的生长发育，落花、落叶、落果，造成减产，严重的时候，植株出现永久萎蔫，导致死亡。

5. 辣椒对养分的要求

辣椒的生长发育需要充足的养分。对氮、磷、钾等肥料都有较高的要求，此外，还要吸收钙、镁、铁、硼、铜、锰等多种微量元素，整个生育期中，辣椒对氮的需求最多（占60%），钾次之（占25%），磷为第三位（占15%）。在各个不同的生长发育时期，需肥的种类和数量也有差异。幼苗期辣椒苗幼嫩弱小，生长量小，需肥量也相对较少，但肥料质量要好，需要充分腐熟的有机肥和一定比例的磷、钾肥，尤其是磷、钾肥能促进根系发达。

辣椒在幼苗期就进行花芽分化，氮、磷肥对幼苗发育和花的形成都有显著影响，氮肥过量，易延缓花芽的发育分化，磷肥不足，不但发育不良，而且花的形成迟缓，产生的花数也少，并形成不能结实的短柱花。因此，苗床营养应配好，提供优质全面的肥料，保证幼苗发育良好。

移栽后，对氮、磷肥的需求增加，合理施用氮、磷肥，促进根系发育，为植株旺盛生长打下基础。如果此期氮肥施用过多，植株易发生徒长，推迟开花坐果，而且枝叶嫩弱，容易感染病毒病、疮痂病、疫病。

初花后进入坐果期，氮肥的需求量逐渐加大，到盛花、盛果期达到高峰期，氮肥供分枝、发叶，磷钾肥促进植株根系生长和果实膨大，以及增加果实的色泽。

辣椒的辣味受氮、磷、钾肥含量比例的影响。氮肥多，磷钾肥少时，辣味降低；氮肥少时，磷钾肥多时，则辣味浓。大果形品种如甜椒类型需氮肥较多，小果形品种如簇生椒类型需氮肥较少。因此，在栽培管理过程中，灵活掌握施用氮、磷、钾肥，不但可以提高辣椒的产量，还可改进其品质，特别是干椒的生产。

辣椒为多次成熟、多次采收的作物，生育期和采收期较长，需肥量较多，故除了施足基肥外，还应采收一次、施肥一次，以满足植株的旺盛生长和开花结果的需要。对越夏恋秋栽培的辣椒，多施氮肥，促进植株抽发新生枝叶，施磷、钾肥增强植株抗病力，促进果实膨大，提早施翻秋肥，多开花坐果，提高辣椒的质量和产量。

在施用氮、钾肥的同时，还可根据植株的生长情况施用适量的钙、镁、铁、硼、铜、锰等多种微肥，预防各种缺素症。

辣椒缺硼时，根色发黄，根系生长差，心叶生长慢，根的木质部变黑腐烂，花期延迟，造成花而不实，影响产量。这就需要在花期增施硼肥，浓度为0.2％，喷在植株花叶上，以加速花器官的发育，增加花粉，促进花粉萌发、花粉管伸长和授精，改善花而不实的现象，但浓度千万不能过量，否则，植株会得元素过量症，形成畸形花、畸形叶，甚至落花、落果。

植株缺钙时，首先影响分生组织的生长，症状表现在生长点和叶缘，出现变形和失绿，后期在叶片边缘出现坏死。由于细胞壁被溶解，所以缺钙组织变软，出现褐色的物质，并聚积在细胞间隙和维管束组织中，进而影响运输机制。实际生产中，缺钙常发生在贮藏器官果实上，辣椒的脐腐病就是这样。

缺镁症状多出现在老叶上，其症状表现为叶脉间缺绿或变黄，严重时坏死。叶片缺镁时变硬，变脆，叶脉扭曲，过早脱落。叶片出现缺镁症状的临界含量是2毫克/克干重。缺镁后植株生殖生长推迟。

植株缺铁症状有些与缺镁相似。这是因为两者都影响到叶绿素的形成。与缺镁不同的是，缺铁失绿症状总是出现在幼叶上，而在多数情况下，缺镁都是发生在叶脉之间，在新形成的幼叶上可以看到绿色的中脉网，严重情况下新生叶常常是白化的。例如，甜椒植株在极端缺铁情况下，几天后新生叶及原来未展开叶片失绿、白化，逐渐出现坏死斑点，最终脱落，而原先展平的基部叶片则变化不大。在缺铁植株组织中，磷与铁的比例比正常组织中高。

植株缺铜的临界含量是3～5毫克/克干重，植株缺铜时生长矮小，幼叶扭曲变形。顶端分生组织坏死。如果叶片中铜浓度过高，会产生铜元素毒害症。

植株缺锌后，叶脉间失绿，黄化或白化。多数情况下缺锌植株节间变短，老叶失绿，叶片变小，类似病毒症状。缺锌后种子产量受到很大影响，这是因为，锌在授粉受精中起着特殊作用。花粉粒中含锌量较高，受精后其中大多数锌离子都结合到幼胚中去。当锌离子过量时，不耐锌植株会出现锌害症，其表现是根伸长生长受阻，嫩叶出现缺绿症。叶片中锌毒害的临界浓度是400~500毫克/千克干重。

三、辣椒的品种

种辣椒，选优种，好的品种是丰收的前提，更是畅销和高效益的保证。经近年在全国多点试种，下列品种表现良好，深受消费者欢迎。

（一）羊角椒品种

1. 羊角红一号

羊角红一号（图1-1）由鸡泽优质羊角椒选育而成。属中早熟品种，皮薄，肉厚，油多，籽香，辛辣适中。果长20厘米，果肩宽2厘米，单果重20克，形似羊角，该

图1-1　羊角红一号

品种生长势旺，连续坐果率强，抗病毒病，耐疫病，耐热性好，适应性强，一般亩①产2 500千克。

2. 红丰一号

红丰一号（图1-2）是从优质鸡泽羊角椒品系中选育而成。株高80厘米，开展度60厘米，果长17厘米，果粗2.2厘米，果皮紫红色，肉厚，籽少，油多，味辣浓香，抗病性强，既适合春播，还可夏播。春播亩产2 500千克左右，高产田亩产可达3 000千克以上，夏播亩产2 000千克左右。

图1-2　红丰一号

3. 京津辣椒红九号、农丰九号

京津辣椒红九号、农丰九号是利用辣椒细胞质雄性不育系一代杂交种，株高60厘米左右，分枝能力强，果长17厘米左右，横

---

①　1亩≈667米²，15亩=1公顷。全书同

径2厘米左右，平均单果重20克左右。嫩果浅绿色，熟果鲜红味辣，高抗病毒病兼抗疫病，亩产鲜椒2 500千克左右，门椒以下清除分蘖产量会更高。该品种耐储运，是鲜辣椒市场销售及泡渍、酱制兼用型理想品种。

（二）线椒品种

1. 香辣长条

香辣长条（图1-3）中早熟，长势强，株型紧凑，果实长线形，果色浅绿色，光泽度好，果长26厘米左右，果径1.6厘米，单果重20克左右。鲜椒产量可达3 500千克每亩。果实光滑顺直，首尾匀称，辣味浓，带有香味，品质佳。果实硬度好，耐长途贩运，货架期长。适合用于鲜食和加工栽培。适应性广，抗病毒病和疫病，抗衰老能力强。

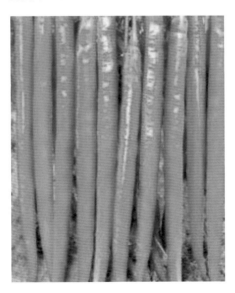

图1-3　香辣长条

2. 辣丰三号

辣丰三号中熟长线椒品种，长势较强，株型好，分枝多，叶片小，叶色浓绿。果实细长、顺直，果长22厘米左右，果径约1.5厘米，青果深绿色，老熟果红色鲜艳，单果重22克左右，微辣，有香味。坐果性好，综合抗性强。适宜鲜椒上市或酱制加工。

3. 条椒王

条椒王（图1-4）中早熟，长势强，株型紧凑，适应性广，抗病毒病和疫病，抗衰老能力强。果实长线形，光泽度好，果长23厘米左右，果径1.4厘米，单果重20克左右。亩产鲜椒可达3 500千克。果实光滑顺直，首尾匀称，辣味浓香，品质佳。果实硬度好，耐长途贩运，货架期长。

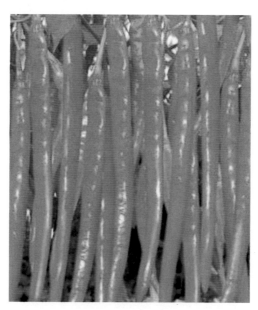

图1-4　条椒王

4. 红泽一号

红泽一号由鸡泽辣椒和川椒杂交选育而成。属于粗线椒品种，早熟，株高60厘米，株幅55厘米，果长20厘米，单果重18～20克，嫩果皮绿，熟果鲜红，味辣浓香，适抗病性强，耐高温，亩产鲜椒3 000千克。

（三）朝天椒品种

映山红（图1-5）是中早熟一代杂交种，从韩国引进，单生果实朝上，植株高大，分枝力强，坐果能力强，适应性广，果长9厘米左右，果径0.8～1厘米，椒形美观，味香辣，抗病性强，果实绿色，商品价值高，易干制、不皱皮等优点深受椒农喜爱。

图1-5　映山红

（四）大辣椒品种

1. 超前大椒

超前大椒由国外亲本精选杂交而成，保持其中早熟、果大、高抗病毒、坐果极强，产量更高，商品性更好，耐热、高产，粗长牛角形，颜色浅绿，果皮光滑肉厚，耐运输，连续坐果能力强。果长18～23厘米，单果重150～200克，亩产7 000千克以上，是春秋栽培的最理想品种。

2. 奥运冠椒

奥运冠椒，中早熟，一代杂交种，黄绿色有光泽，极抗病毒，耐高温，采收时间长达6～7个月，果实顺直，肉厚呈长羊角形，坐果能力强，果长25厘米左右，单果重80～100克，辣味适中，一般亩产达5 000千克以上，适宜广东、广西、海南等地露地及北方保护地栽培，商品性极好，是南菜北运的最佳品种。

3. 珍贵椒王

珍贵椒王，早熟，一代杂交品种，果实长灯笼形，果大，青绿色，品质好，商品价值高，高抗病，耐热，耐低温，耐弱光，分枝性强，连续挂果能力强，前期结果多，果实膨大快，色泽发亮，皮薄口感好，早春、秋延栽培经济效益显著，不易徒长，耐肥，亩产5 000千克左右，是特适应海南、广东、广西、四川、重庆、江苏、河南、安徽、山东等地春秋保护地栽培的最佳品种。

（五）螺丝椒品种

同乐2313和同乐23188为一代杂交螺丝椒，极早熟，始花节位10节左右，果长26～28厘米，宽3～4厘米，单果重60～120克，果皮绿色，辣味浓，皮厚质佳，耐运输，耐低温，抗高温，抗病。节间短，挂果多，膨果快，连续结果能力强，产量高，栽培适当亩产可达6 700千克以上。

（六）甜椒品种

瑞特（图1-6）中熟，父本为，国外大甜椒，一代杂交种，果实绿色，方灯笼形，单果重300克左右，大果可达400克以上，

亩产量7 000千克以上。连续坐果能力强，膨果快，果实上下整齐。商品性超群，产量极高。适宜春秋保护地和露地栽培，秋延保护地栽培表现更佳。是目前甜椒种最优质品种。

图1-6　瑞特

（七）微辣品种

天骄三号、天骄八号和红泷这3个品种产于韩国，共同特点是生长旺盛，连续坐果能力强，抗病性强，增产潜力大，产量稳定。果实表面光滑，果形顺直，青果浓绿，熟果深红亮丽，干椒暗红光亮，果肉厚，内外颜色均匀，出粉率高。天骄三号果长13～16厘米，果径约2厘米；天骄八号果长15～18厘米，果径2.5～3厘米；红泷果长13～15厘米，果径2厘米。

以上品种适应性强，全国大部分地区均可种植，既可露地种植，也可大棚栽培，连续坐果性强，青椒时即可采摘上市，红椒时也可以销售。

四、辣椒的育苗技术

1. 育苗时间

大棚栽培辣椒一般在10月中旬播种，翌年1—2月中旬定植，4月上旬开始收获。春提早栽培可选用苏椒5号、苏椒11、洛椒98A、红英达、圣方舟等。亩产量在4 000千克左右，具有很高的经济效益。

2. 种子处理

播种前，辣椒种子要用10%磷酸三钠溶液浸泡30分钟。为防止炭疽病和细菌性斑点病，可先用清水预浸5～6小时，再放入硫酸铜溶液中浸泡5分钟，然后用清水洗干净再进行催芽。催芽时，将处理好的种子用湿布包好放在20～23℃的环境下，24小时后温度提高到25～34℃，待露白后，温度再降到20～25℃蹲芽，50%种子露白后播种。

3. 播种育苗

因加温育苗出苗率高、生长快，所以播种量要比冷床育苗少，播种后盖约0.5厘米的营养土，然后在土上盖一层稻草，再盖一层薄膜，最后盖上小拱棚密封保温，播种后昼夜加温，温度保持22～24℃，有40%的种子出苗时即可将盖土的稻草和稻草上的膜揭去，以防秧苗徒长，齐苗后注意通风降温。

4. 合理浇水

大棚栽培辣椒温床易干燥，因此应经常补充水分，浇水量少不能满足秧苗生长的需要，浇水量大则湿度大，容易引起辣椒苗徒长，发生猝倒病和其他病害。苗床土湿度以保持表土发白、底土潮湿为宜。

5. 控制徒长

如果出现床温过高，秧苗徒长的现象，最有效的措施是经常检查床温，控制温度。温床育苗时间短，营养土内应施足基肥，一般不需要追肥。如果秧苗较细小，可以喷洒2～3次0.2%的磷酸二氢钾进行根外追肥。如果营养土过干，可于晴天中午进行浇水，浇水量不宜过大。

6. 适时分苗

当苗长出2片真叶时，分苗1次，将苗移植于营养钵内，每钵1株，分苗前低温炼苗2～3天，分苗前1～2天浇起苗水。分栽苗要浅，子叶要露出地表，栽后及时浇水，分苗后密闭棚室，掌握日温25～30℃、夜温16～18℃。缓苗后，掌握日温20～25℃、夜温14～16℃。不汗不浇水，旱时浇小水。定植前1周浇1次水，2天后起苗蹲苗以利于生根缓苗。

五、辣椒的种植技术

1. 整地施肥

辣椒可平畦栽，也可垄栽，为覆膜和浇水方便，以及有利于提高地温，建议采用南北向的垄栽。垄栽确定垄距时必须因品种而异，根据所用品种的植株开张角度确定行株距。冬春茬多宜采用大小行一穴双株的密植方法。大行距55～60厘米，小行距40～50厘米。施肥时先把有机肥铺施地面，深翻2遍，使肥料与土充分混匀，然后按行距开沟，在沟里施饼肥及化肥，与土充分混匀以后，以沟上扶垄，垄高15～20厘米。

2. 科学定植

大棚辣椒定植时间是1月下旬，定植必须选晴天，而且期望定植后能遇到连续几个晴天。这样就要多听、多看天气预报。定植宜在上午进行。定植时按穴距33厘米左右开穴。每亩约栽4 000穴，每穴2株，合每8 000株/亩，以密植争取早期产量。同一穴的2株要大小一致。栽苗时穴内浇温水（30～40℃）放苗，水渗下后封穴。

3. 温度管理

大棚辣椒定植之后为了促进缓苗，春提早栽培要闷棒保温，保持5～6天不通风，保持高温高湿的环境，白天不放风并适当地早盖草苫，使夜间保持较高的温度，缓苗后白天温度保持26～28℃，超过30℃应放风降温。

4. 湿度管理

辣椒生长适宜的空气相对湿度为60%～80%、土壤相对湿度为80%左右，湿度过高植株易发生徒长，影响花粉粒分散，从而影响授粉受精。在保证一定的温度条件下要大胆放风，降低棚内湿度。

5. 通风管理

辣椒开花坐果期适宜的温度为20～25℃，这时应加大通风量和通风时间，通风可降低湿度，增加光照，促使植株生长矮壮，节间短而多，也有利于辣椒开花授粉，多结果，确保早熟高产。一般在辣椒开花坐果期控制夜温不低于15℃，可以昼夜放风，不影响开花受精。

6. 光照管理

冬季光照强度低，应在保证温室温度的情况下，尽量延长光照时间，早揭晚盖草苫，使植株多见光，同时要保持薄膜表面的清洁，提高透光率，在温室的北侧可以张挂反光幕，以提高光强。阴天或雪天，光照强度低，植株呼吸消耗大，可进行根外追肥，喷施1%糖水。

7. 水肥管理

在定植水浇足的情况下，到第一果坐住之前一般不浇水，在缓苗以后的蹲苗期，都以中耕为主，地膜以下的土壤可保持湿润和良好的通气性。蹲苗结束时浇1次水，此时门椒已长到直径3厘米左右，每亩随水施入硫酸铵20千克、硫酸钾10千克。以后每一水或二水随水施一次肥，每亩可施尿素10千克或硫酸铵10千克。

8. 植株调整

大棚辣椒栽培的时候为促进结果要进行整枝，方法是在主要侧枝的次一级侧枝上所结的幼果长到1厘米直径时，在其上部留5片叶后摘心，使营养集中供应果实生长，在中后期出现的徒长枝要及时摘除。

第二章
辣椒侵染性病害防治

一、辣椒褐斑病

1. 病害特征

该病主要为害叶片。叶片上出现圆形或近圆形病斑（图2-1，图2-2），病斑边缘呈黑褐色，中央呈浅灰色至白色。

图2-1　叶片正面圆形病斑

图2-2　叶片背面圆形病斑

2. 发生规律

病原菌主要以分生孢子或菌丝体在土壤中的病残体上越冬。第二年春天产生分生孢子，通过气流或雨水飞溅传播，进行初侵染和再侵染。湿度大时发病重。

3. 防治方法

（1）加强栽培管理。及时通风，浇水要小水勤灌，避免大水漫灌，降低棚内湿度。

（2）前茬收获后及时清除病残株，减少初侵染菌源，可有效控制病害的发生。

（3）药剂防治。发病初期可喷洒25%咪鲜胺乳油1 500倍液，或50%苯菌灵可湿性粉剂1 500倍液，或25%异菌脲悬浮剂1 000～1 500倍液，或70%甲基硫菌灵可湿性粉剂1 000倍液，7～10天喷1次。

二、辣椒黑斑病

1. 病害特征

该病主要侵染果实。病斑初期呈浅褐色，近圆形或不规则形，稍凹陷（图2-3）。一个果实上多生一个大病斑（图2-4），湿度大时出现黑色霉层。

2. 发生规律

病原菌主要在病残体上越冬。病害发生常受日灼病的影响，日灼处因受伤易发病。孢子随风雨传播，风雨天雨滴飞散和雨水反溅，有利于病害发生。

图2-3　黑斑病初期　　　　　　　　图2-4　黑斑病后期

3. 防治方法

（1）及时清除病残体，减少菌源量。病叶、病果需及时运出棚外并销毁。

（2）加强水肥管理。一次浇水不要太多，及时补充植株营养，使植株生长旺盛，防止早衰。

（3）加强温室内温度和湿度的调控。保障植株间通风、透光、降低湿度，同时温度不要太低。

（4）药剂防治。发病前可用15%百菌清烟剂预防，每亩用药剂250～300克。发病初期及时喷洒10%苯醚甲环唑水分散粒剂1 500倍液，或25%嘧菌脂胶悬剂1 500倍液，或60%多菌灵盐酸盐可溶性粉剂800倍液，或50%甲基硫菌灵可湿性粉剂800倍液，或50%苯菌灵可湿性粉剂1 500倍液等，7～10天喷1次，连喷2～3次。

三、辣椒黑霉病

1. 病害特征

该病主要为害果实。从果顶或果面开始发病，初期发病处颜色变浅，病斑从边缘向中央收缩，湿度大时出现黑色霉层（图2-5），湿度小时病斑易破裂（图2-6）。

 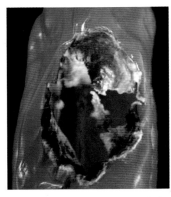

图2-5　辣椒黑霉病黑色霉层　　　图2-6　辣椒黑霉病病斑破裂

2. 发生规律

病原菌以分生孢子、菌丝体在种子上或随病残体在土壤越冬，第二年产生分生孢子进行侵染，分生孢子通过气流和雨水进行传播，病原菌可直接穿透植物的表皮，也可从自然孔口或伤口侵入。温暖潮湿及降雨是导致病害发生的主要条件，尤其当土壤肥力较差，植株免疫力低时发生严重。

3. 防治方法

（1）选用抗病品种。

（2）加强栽培管理，及时摘除发病严重的病叶并烧毁，温室内及时放风，降低棚内湿度。

（3）多施有机肥、叶面肥，提高植株免疫力。

（4）药剂防治。发病前用75%百菌清可湿性粉剂600倍液，或70%代森锰锌可湿性粉剂500倍液喷雾预防。发病后，可将下列配方交替使用：①18%咪鲜·松脂铜乳油500倍液喷雾；②2%嘧啶核苷类抗生素水剂150倍液+25%嘧菌酯悬浮剂1 500倍液混合喷雾。上述药剂一般7～10天喷1次，严重时可缩短为3～4天喷1次。

四、辣椒白粉病

1.病害特征

该病主要为害叶片，发病初期叶片正面出现褪绿斑，背面出现白粉状斑（图2-7），严重时遍及整个叶片，叶片变黄脱落。辣椒白粉病后期，病斑颜色加深为褐色，叶片坏死（图2-8）。被侵染的叶片过早地从植

图2-7　白粉病病斑（叶片背面）

物上落下，叶面光合作用的损失减缓了植物生长和果实发育。落叶使果实暴露于阳光下，可能导致果实日灼病（图2-9）。

2.发生规律

病原菌以闭囊壳、菌丝体、分生孢子随病残体在土壤中越冬。第二年条件合适时，产生分生孢子或子囊孢子随风雨传播到寄主上侵染。栽培过密、通风不良、偏施氮肥的条件下发病重。

图2-8　病斑颜色加深为褐色　　　图2-9　白粉病引起的辣椒日灼病

3.防治方法

（1）选育抗（耐）病品种。

（2）加强田间管理。收获后彻底清洁菜园，清除病叶、落叶及杂草并烧毁，减少菌源数量。

（3）药剂防治。发病初期用47%春雷·王铜可湿性粉剂500倍液，或2%嘧啶核苷酸抗生素200倍液，或10%苯醚甲环唑水分散粒剂1 500倍液，或25%乙嘧酚悬浮剂1 000倍液进行叶面喷雾，5~7天喷1次，连喷3~4次。

五、辣椒白星病

1.病害特征

辣椒白星病又称斑点病，主要为害叶片。病斑呈圆形或近圆形，边缘呈黑褐色或深色，中央呈灰白色或白色（图2-10），病斑背面与正面症状相差不大（图2-11），中间有时穿孔。

2. 发生规律

病原菌以分生孢子器在病残体上、种子内或土壤中越冬。第二年条件适宜时释放分生孢子侵染叶片，发病后借风雨传播蔓延进行再侵染。降雨、大水漫灌或湿度高时易发病。

图2-10　白星病病斑（叶片正面）　　　图2-11　白星病病斑（叶片背面）

3. 防治方法

（1）选用抗（耐）病品种。

（2）与非茄科蔬菜作物实行3年以上的轮作。使用充分腐熟的有机肥和生物菌肥，向土壤中增加有益微生物，促进土壤改良。

（3）及时清除病残体，适时放风降湿，降低棚内湿度。

（4）发病初期及时喷洒40％腈菌唑可湿性粉剂5 000倍液，或45％噻菌灵悬浮剂1 000倍液，或10％苯醚甲环唑水分散粒剂1 500倍液等，7～10天喷1次，连喷2～3次。

六、辣椒灰霉病

1. 病害特征

辣椒灰霉病可为害叶片、茎秆、果实等多个部位。病花等部位掉到叶片上会侵染叶片，形成圆形或椭圆形病斑，有明显的轮纹。空气干燥时，病斑容易破裂（图2-12）。茎秆发病时，受害处变为浅褐色至深褐色（图2-13）。茎秆或枝条受害严重时容易折断，造成病部以上部分萎蔫枯死。果实发病时，多从果蒂处开始（图2-14），病部变软、变白，湿度大时出现灰色霉层（图2-15），即病原菌的分生孢子梗及分生孢子。

图2-12 辣椒灰霉病叶片病斑

图2-13 辣椒灰霉病茎秆病斑

图2-14 辣椒灰霉病果蒂病斑

图2-15 辣椒灰霉病灰色霉层

2. 发生规律

病原菌主要以菌丝体或菌核随病残体在土壤中越冬。南方设施蔬菜中的病原菌可常年存活，不存在越冬问题。分生孢子主要通过风雨传播，条件适宜时即萌发，多从伤口或衰老组织侵入，初侵染发病后又长出大量新的分生孢子，通过传播进行再侵染。温室大棚内的高湿环境有利于病害发生和流行。

3. 防治方法

（1）加强温室内温度和湿度的调控。保障植株间通风、透光，降低湿度，同时温度不要太低。

（2）加强水肥管理。一次浇水不要太多，及时补充植株营养，使植株生长旺盛，防止早衰。

（3）及时清除病残体，减少菌源量。病叶、病果需及时运出棚外并销毁。

（4）药剂防治。发病初期喷洒50%腐霉利可湿性粉剂1 000倍液，或40%菌核净可湿性粉剂800倍液，或50%异菌脲可湿性粉剂1 000倍液，或25%啶菌噁唑乳油1 000倍液，隔7～10天喷1次，连喷3～4次。温室中也可用20%噻菌灵烟剂0.3～0.5千克/亩熏烟。

七、辣椒煤霉病

1. 病害特征

该病主要为害叶片。发病初期叶面症状不明显，后变为褪绿色至黄绿色斑（图2-16），最后病斑变为褐色，病斑边缘不清晰（图2-17）。湿度大时病斑背面出现黑色霉层，即病原菌的分生孢子梗和分生孢子。

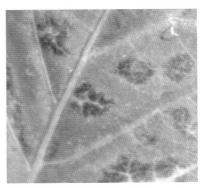

图2-16　辣椒煤霉病绿色病斑　　　　图2-17　辣椒煤霉病褐色病斑

2. 发生规律

病原菌主要以分生孢子或菌丝体随病残体在土壤中越冬。第二年产生分生孢子借助风雨传播，从植株伤口、气孔或水孔侵入。病原菌喜温暖和高湿条件。保护地通风不良、连作地块、种植过密、生长势弱、光照不足、氮肥过量或肥料不足时发病重。

3. 防治方法

（1）农业防治。清除病残体；翻晒土壤，增施磷钾肥；及时通风降低湿度。

（2）药剂防治。发病初期喷洒70%甲基硫菌灵可湿性粉剂800倍液，或50%腐霉利可湿性粉剂800倍液，或77%氢氧化铜可湿性粉剂500倍液，一般7～10天喷1次。

八、辣椒绵疫病

1. 病害特征

绵疫病主要为害果实。病情初期，果面现近圆形褐色至深褐色病斑（图2-18），随病情发展，病斑扩大、颜色加深，病斑呈明显水渍状。

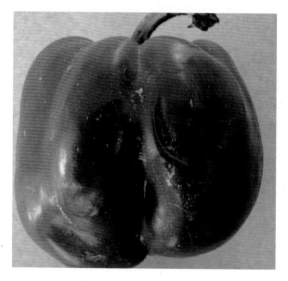

图2-18　辣椒绵疫病病斑

2. 发生规律

病原菌主要以卵孢子随病残体在土壤中越冬。借雨水溅到靠近地面的果实、叶片上侵染发病，发病后产生孢子囊，孢子囊释放游动孢子，通过雨水、灌溉水等传播进行再侵染。连阴天或多雨、湿度大时发病重。

3. 防治方法

（1）农业防治。避免与茄科作物连作。选择排水良好的地块种植。适度密植，保持株间通风透光。提倡地膜覆盖栽培，减少病原菌传染。

（2）药剂防治。发病初期可用30%氧氯化铜悬浮剂500倍液，或60%氟吗·锰锌可湿性粉剂800倍液，或64%噁霜·锰锌可湿性粉剂500倍液，或52.5%噁唑菌酮·霜脲可湿性粉剂600倍液喷雾防治，5～7天喷1次，连喷3～4次。植株下部叶片、果实应重点喷洒，并适度喷洒地面，杀灭病原菌。

九、辣椒青枯病

1.病害特征

植株叶片先在中午温度高时出现萎蔫，早上及傍晚温度低时还可恢复，几天后萎蔫叶片不能够再恢复，整株叶片枯死，但短期内叶片仍保持青绿色且不脱落（图2-19）。割开茎部可见维管束变褐，用手挤压切口可见白色菌脓。

图2-19　辣椒青枯病症状

2.发生规律

病原菌主要随病残体留在田间越冬，是主要的初侵染来源。

病原菌主要通过雨水和灌溉水传播。病原菌从根部或茎基部伤口侵入，在植株体内的维管束组织中扩展。高温、高湿有利于发病。植株生长不良，氮肥施用过多，连阴雨或降大雨后暴晴，易于病害发生流行。

3. 防治方法

（1）轮作。与非茄科作物轮作2年以上，减少土壤中病原菌数量。

（2）种子消毒。可用52℃温水或90%链·土可溶性粉剂300毫克/升浸种30分钟，洗净后催芽播种。

（3）调节土壤酸度。青枯病菌喜欢微酸性土壤，因此可以结合整地撒施适量石灰，使土壤呈微碱性，以抑制病原菌生长，减少发病。

（4）药剂防治。提倡提前预防，若田间已发病，防治效果较差。预防及防治可选用下列药剂：72%农用硫酸链霉素可溶粉剂4 000倍液，或77%氢氧化铜可湿性粉剂500倍液，或50%琥胶肥酸铜可湿性粉剂500倍液，或14%络氨铜水剂350倍液灌根，每株灌药液150～200毫升，7～10天灌1次，连灌3次。

十、辣椒茎基腐病

1. 病害特征

该病主要为害茎基部，幼苗及成株期均可发病。幼苗染病后，靠近地面的茎基部变褐色或变黑色并缢缩，影响植株营养及水分运输，严重时植株萎蔫枯死。成株期发病症状与幼苗期类似，茎基部上方常生出不定根（图2-20）。

图2-20 辣椒茎基腐病成株症状

2. 发生规律

病原菌以菌丝体或菌核在土壤中越冬，腐生性强，可以在土壤中长期存活。第二年病原菌随浇水或农事操作传播。大水漫灌、地温过高时易发病。

3. 防治方法

（1）培育无病壮苗。育苗期苗床换新土，种子用55℃水浸泡20分钟后播种。幼苗定植时不要过深，及时排出地表积水，培土不宜过高。

（2）前茬收获后及时清除病残株，减少初侵染菌源。浇水时不宜一次浇太多，定期疏松土壤，透气降温。

（3）药剂防治。定植后发病，可在茎基部施用药土，每平方米表土施用20%拌·锰锌可湿性粉剂10克，充分混匀后于病株基部覆土，把病部埋上，促其在病斑上方长出不定根。也可喷

洒70%甲基硫菌灵可湿性粉剂800倍液，或20%甲基立枯磷乳油
1 000倍液，主要喷洒植株茎基部。5～7天喷1次，连喷3～4次。
也可在病部涂50%福美双可湿性粉剂200倍液，或77%氢氧化铜可
湿性粉剂200倍液，能抑制病情发展。

十一、辣椒细菌性软腐病

1.病害特征

植株各部位均可受害，发病处出现水渍状暗绿色病斑
（图2-21，图2-22），病斑扩展后变软、腐烂，并有恶臭味。

图2-21　辣椒细菌性软腐病　　　　图2-22　辣椒细菌性软腐病病果
茎秆症状

2.发生规律

病原菌一般随病残体在土壤中越冬。多从植物表面的伤口
侵入，侵染过程中分泌原果胶酶，分解寄主细胞间中胶层的果胶
质，使细胞解离崩溃、水分外渗，病组织呈软腐状。

3.防治方法

（1）防止产生伤口。蔬菜害虫、嫁接等农事操作会造成伤

口，有利于病原菌侵染。

（2）及时清洁田园，尤其要把病果清除带出田外烧毁或深埋。

（3）培育壮苗，适时定植，合理密植。雨季及时排水，尤其下水头不要积水。

（4）保护地栽培要加强放风，防止棚内湿度过高。

（5）及时喷洒杀虫剂防治烟青虫等蛀果害虫。加强对棉铃虫等蛀果害虫的防治，蛀果害虫会在果实上造成伤口，引发病害。可用大蒜油1 000倍液+5%功夫乳油5 000倍液（20%多灭威2 000～2 500倍液，或4.5%高效氯氰菊酯3 000～3 500倍液）。

（6）杀菌农药防治，雨前雨后及时喷洒细截150倍液+大蒜油1 000倍液+72%农用硫酸链霉素可溶性粉剂4 000倍液（或嘧啶核苷类抗菌素1 000倍液，或50%琥胶肥酸铜可湿性粉剂500倍液，或77%可杀得101可湿性微粒粉剂500倍液，或38%恶霜菌酯水剂800倍液）。

十二、辣椒细菌性叶斑病

1.病害特征

该病主要为害叶片。常见的病斑类型有两种，一种是先从叶缘附近出现黄绿色近圆形水渍状小斑点，扩大后变为大小不等的褐色至锈红色病斑（图2-23），干燥时病斑多呈褐色；另一类症状多从叶缘开始出现水浸状黄化（图2-24），最后扩展至整个叶片，有的叶片叶脉间出现白纸状病斑，这两种症状类型的病斑在显微镜下均能观察到细菌的喷菌现象。此病发展很快，常引起大量落叶，对产量影响较大，但植株一般不会死亡。

图2-23　褐色至锈红色病斑　　　　图2-24　水浸状黄化症状

2. 发生规律

病原菌一般在病残体或种子上越冬，通过辣椒叶片伤口侵入，在田间借助雨水、灌溉或农具进行传播及再侵染。在气温23~30℃、空气相对湿度90%以上的7—8月高温多雨季节发病重。地势低洼，管理不善，肥料缺乏，植株衰弱或偏施氮肥等发病严重。病害遇高温和叶面长时间有水膜发病重，病原菌侵入后，相对湿度在80%以上病害就能逐渐显症，若温度过低则病害发展受到一定抑制，若后期温度升高，病害可继续发展。因此，高温多雨或遇暴风雨，病害常加重发生。

3. 防治方法

（1）实行合理轮作及清除病残体。与非茄科蔬菜作物轮作2~3年。前茬蔬菜收获后及时彻底清除病残体，结合深耕晒土，促使病原菌残留体分解，加速病原菌死亡。

（2）选用无病种子及进行种子消毒。选用无病优良品种；播前用重量为种子重量0.3%的50%琥胶肥酸铜可湿性粉剂拌种可有效杀灭辣椒细菌性叶斑病病原菌。

（3）加强栽培管理。定植前要平整土地，深翻土壤，并采用高垄栽培，辣椒生长过程中及时中耕松土和施肥；防止积水，避免大水漫灌；土壤灌水后室内温度升高时应及时通风降低湿度；发现病叶及时清除到室外深埋或烧毁。

（4）药剂防治。发现病株后可及时喷洒72％农用硫酸链霉素可溶性粉剂4 000倍液，或95％链·土可溶性粉剂4 000～5 000倍液，或14％络氨铜水剂300倍液，或50％琥胶肥酸铜可湿性粉剂500倍液，或30％氧氯化铜悬浮剂700倍液等药剂，一般7～10天喷1次，连喷3～4次。

十三、辣椒芽枝霉果腐病

1. 病害特征

该病主要为害果实。初期果面出现水浸状小斑点，为褐色，之后病斑扩大并变软腐烂，病部凹陷，病斑呈圆形或不规则形，病斑较大，湿度大时病部出现白色绒丝状霉层（图2-25），之后变为黑色，后期病果干缩腐烂（图2-26）。

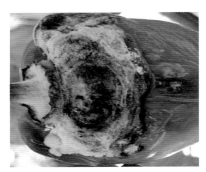

图2-25 辣椒芽枝霉果腐病
　　　　初期症状

图2-26 辣椒芽枝霉果腐病
　　　　后期症状

2. 发生规律

病原菌以菌丝体随病残体在土壤中越冬。初侵染后，病部产生的分生孢子借气流传播进行再侵染，农事操作也可传播。病原菌对环境要求不严，发病适温为20~24℃，相对湿度高于85%，不喜强光。果实近成熟时易发病。

3. 防治方法

（1）加强栽培管理。提倡配方施肥，氮肥不宜施用过多，小水勤浇，适时通风，降低棚内湿度。

（2）药剂防治。发病初期可用50%苯菌灵可湿性粉剂1 500倍液，或25%异菌脲悬浮剂1 000~1 500倍液，或40%氟硅唑乳油3 000倍液，或2%武夷霉素水剂400倍液等药剂喷雾，一般7~10天喷1次，连喷2~3次。

十四、辣椒红色炭疽病

1. 病害特征

该病主要为害叶片及果实。叶片发病先出现水浸状小点，后变为近圆形或不规则形灰白色病斑（图2-27），为害果实时，成熟果受害发病重，病斑呈长圆形或不规则形，为褐色，稍凹陷（图2-28）。叶片或果实发病后期出现红色小点，湿度大时病斑表面溢出浅红色黏稠物，即病原菌的分生孢子团。

2. 发生规律

病原菌以分生孢子在种子表面或以菌丝潜伏在种子内越冬，也可以菌丝或分生孢子盘随病残体在土壤中越冬。越冬后产生分生孢子进行侵染，多通过风雨溅散传播。初侵染发病后，又产生大量分生孢子进行再侵染。

图2-27　辣椒红色炭疽病病叶

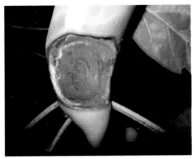

图2-28　辣椒红色炭疽病病果

3.防治方法

（1）农业防治。及时清除病残果，增施有机肥，提高植株抗病性。

（2）生态防治。注意通风降湿，避免高温、高湿条件出现。

（3）药剂防治。预防和防治病害可喷洒25％溴菌腈可湿性粉剂600倍液，或50％多·硫悬浮剂500倍液，或50％咪鲜胺锰盐可湿性粉剂1 500～2 500倍液，或80％福·福锌可湿性粉剂800倍液，7天左右喷1次，连喷3～4次。

第三章
辣椒生理性病害防治

一、辣椒虎皮病

1.病害特征

辣椒虎皮病主要发生在干辣椒近收获期或是晾干后，主要症状分为四种类型：①一侧变白，变白部位边缘不明显，内部不变白或稍带黄色，无霉层，称一侧变白果，通常占50%以上（图3-1）；②微红斑果，病果生褪色斑，斑上稍

图3-1　一侧变白果

发红，果内无霉层（图3-2）；③橙黄花斑果，干椒的表面呈现斑驳状橙黄色花斑，病斑中有的具一黑点，果实内有的生黑灰色霉层；④黑色霉斑果，干果表面具有稍变黄色的斑点，其上生黑色污斑（图3-3），果实内有时可见黑灰色霉层。

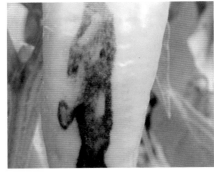

图3-2　病果生褪色斑　　　　　　图3-3　黑色污斑

2. 发生原因

辣椒虎皮病发生最主要的原因：室外贮藏时，夜间湿度大或有露水，白天日光强烈，在暴晒的情况下色素分解，导致虎皮病。其次，炭疽病和果腐病也能引起果实"虎皮病"，但是情况较少。

3. 防治方法

（1）辣椒栽培过程中，注意遮光，如利用遮阳网、合理密植等措施减少过强光照对果实的照射。辣椒贮存时应降低储存仓库的湿度。

（2）辣椒坐果后，及时喷洒药剂来防治多种果实病害。可喷洒43%戊唑醇悬浮剂400倍液，或2%春雷霉素水剂500倍液，或45%噻菌灵悬浮剂1 000倍液，或47%春雷·王铜可湿性粉剂500

倍液等，可预防病害发生。

二、辣椒畸形果

1. 病害特征

辣椒畸形果与正常果实果形相比有差异，如辣椒出现扭曲、皱缩等畸形形状（图3-4）；有时出现增生症状（图3-5）；切开果实可见辣椒种子比正常果实的少（图3-6）。

图3-4　扭曲形状

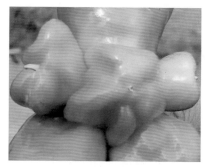

图3-5　裂瓣畸形

图3-6　畸形果内种子很少

2. 发生原因

由于开花期温度高于30℃或低于15℃、根系发育不好、水肥不足、光照不良等，易诱发畸形果。而植株生长过旺时，或结果期遇冬季低温易出现变形。

3. 防治方法

（1）选择对低温不敏感而商品性好的高产品种。

（2）花芽分化期应提高温度，促进花芽分化并能正常生长发育。

（3）平衡施肥，不要偏施氮肥。

（4）正确使用生长激素，要做到因地、因时，用量适宜。

（5）及时防治病虫害，保持植株健康生长。

三、辣椒僵果

1. 病害特征

果实坐果后不久，就停止生长发育，早期呈小柿饼状，后期呈草莓状（图3-7），果实不膨大，果实皮厚肉硬，果内无种子或少籽（图3-8），果柄长。

 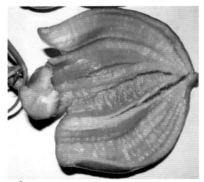

图3-7　病果草莓状　　　　图3-8　病果内无种子

2. 发生原因

在花芽分化阶段，幼苗受不良环境条件，如苗床内土壤干旱、温度高于30℃或低于15℃、病害等影响；正常花在温度过低时，不能正常授粉；或种植过密，植株营养不良，夜温偏低、光照不足、干旱等均诱发僵果。

3. 防治方法

（1）保证育苗时的温度条件。一般白天温度保持为22～28℃，夜温为15～17℃。

（2）温室栽培中应保持辣椒正常生长发育的温度和光照条件。

（3）辣椒坐果后，叶面可喷施1％尿素与0.3％磷酸二氢钾混合液，促进植株生长，增加光和产物积累。

四、辣椒露果

1. 病害特征

发病时，辣椒果实内部的胎座组织、种子等外翻或向外裸露（图3-9）。

2. 发生原因

开花受精期温度过低、供水不均、硼元素缺乏、螨虫为害辣椒果实等易导致露果。

3. 防治方法

（1）在花芽分化期应适当提高温度，避免因温度过低造成花芽分化不良、花柱开裂形成露果。

（2）加强温室水分管理，避免土壤时干时湿。

（3）花期及时补充硼元素并防治螨虫等害虫。

图3-9　辣椒露果

五、辣椒落花

1. 病害特征

发病时，辣椒的花（图3-10）非正常大量掉落，影响辣椒结果和产量（图3-11）。

2. 发生原因

早期施用氮肥过多易引起植株徒长，花芽分化受限，导致落花。光照不足或外界环境不利如温度过高或过低，浇水过多或干旱，根系生长弱影响营养吸收等，都容易引起辣椒落花。

图3-10　辣椒花

图3-11　辣椒落花状

3. 防治方法

（1）合理密植，保证株间通风透光，生长后期去掉老叶，减少营养消耗。

（2）肥水管理。要求花前少施肥，花后适量，结果期重施，不偏施氮肥，增施磷钾肥。田间灌溉不过干、过湿，中午不宜浇水，应傍晚灌水。

（3）及时防治病虫害。对辣椒根腐病应在发病初期喷施或灌溉12.5%增效多菌灵可溶性粉剂300倍液防治。对棉铃虫、斜纹叶蛾等应用生物杀虫剂1.8%阿维菌素乳油2 000倍液防治。

六、辣椒沤根

1. 病害特征

幼苗及成株期均可发生，症状类似。一般表现为地上部植株叶片萎蔫，严重时下部叶片黄化（图3-12）。地下部根系及根茎部严重时多变为锈褐色（图3-13）。

图3-12 下部叶片黄化　　　　　图3-13 根部锈褐色

2. 发生原因

沤根多发生在幼苗发育前期。辣椒苗沤根的主要原因是苗床土壤湿度过高，或遇连阴雨雪天气，床温长时间低于12℃，光照不足，土壤过湿缺氧，妨碍根系正常发育，甚至超过根系耐受限度，使根系逐渐变褐死亡。

3. 防治方法

（1）防治沤根应从育苗管理抓起，宜选地势高、排水良好、背风向阳的地段作苗床地，床土需增施有机肥兼配磷钾肥。

（2）出苗后注意天气变化，做好通风换气，可撒干细土或草木灰降低床内湿度，同时认真做好保温，可用双层塑料薄膜覆盖，夜间可加盖草苫。

（3）条件许可，可采用地热线、营养盘、营养钵、营养方等方式培育壮苗。

七、辣椒脐腐病

1. 病害特征

脐腐病，又称蒂腐病，是蔬菜栽培，尤其是茄果类蔬菜上常见的病害之一。保护地、露地均有发生，一般保护地发病重于露地。沿海（江）的砂壤土地区和干旱年份危害严重。发病时，果实脐部发生水浸状腐烂，多变为白色、黄褐色或深褐色，稍凹陷（图3-14），湿度大时容易着生各种腐生菌，导致病果腐烂。

图3-14　脐腐病症状

2. 发生原因

土壤中钙含量不足或土壤干燥，植株难以吸收土壤中的钙元素，导致果实脐部细胞正常的生理活动受到抑制引起发病。另有研究认为，土壤中水分不稳定，忽多忽少，也易引起发病。

3. 防治方法

（1）选用抗病品种。

（2）合理浇水，保持土壤湿度适中。

（3）提倡地膜覆盖。有利于维持水分及钙元素的稳定，减少流失。

（4）温度高、光照强时，使用遮阳网，可降低蒸腾作用，有利于减少发病。

（5）补充钙肥。坐果后，可喷洒1%过磷酸钙，或0.5%氯化钙加5毫克/千克萘乙酸、0.1%硝酸钙及1.4%复硝酚钠5 000～6 000倍液。从初花期开始，隔10～15天喷1次，连喷2～3次。

八、辣椒紫斑病

1.病害特征

叶片、果实上出现边缘模糊的紫色条纹或斑块（图3-15，图3-16）。

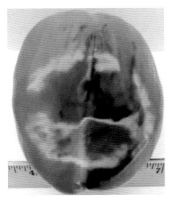 

图3-15　柿子椒紫斑病　　　　图3-16　尖椒紫斑病

2.发生原因

主要因植株缺磷导致花青素合成过多引起。通常来说土壤中磷元素缺乏、土壤过干或地温过低易造成植株缺磷。

3.防治方法

（1）提升地温、合理浇水，促进蔬菜有效吸收磷元素。

（2）施足有机肥，提高土壤中有效磷的含量。同时注意补充镁元素，因为缺镁会影响植株对磷元素的吸收。

（3）补救方法：出现紫斑病症状后，可用磷酸二氢钾200～300倍液或含有磷元素的叶面肥进行叶面喷洒，1周喷2～3次。

九、辣椒果实小黄点

1.病害特征

辣椒果实上出现近圆形褐色小黄点，之后病斑扩大为近圆形或不规则形，稍凹陷，湿度低、光照强时病斑易裂开（图3-17）。

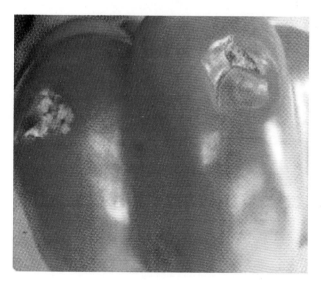

图3-17　辣椒果实小黄点症状

2. 发生原因

30～35℃高温下影响植株对硼元素的吸收，氮素施用过多抑制钾元素吸收，以及光照不足等条件易发生。

3. 防治方法

（1）种植耐热品种。
（2）喷施叶面肥补充硼元素。
（3）加强光照。
（4）拉大昼夜温差，控制夜温不要过高。

十、辣椒急性失水

1. 病害特征

发病时，叶片叶缘或叶脉之间失绿呈失水白色干枯状（图3-18）。

图3-18　辣椒急性失水症状

2. 发生原因

根系不好、温度过高时，放风或风速过大常引起急性失水。

3. 防治方法

（1）在高温时，应缓慢放风。

（2）可喷施1.4%复硝酚钠水剂5 000～6 000倍液，增强植株抗逆性。

十一、辣椒徒长

1. 病害特征

发病时，植株茎秆细而弱、节间长、叶色浅、开花少（图3-19）。

图3-19　辣椒徒长

2. 发生原因

主要因水肥过大，特别是氮肥施用过多、温度高（尤其是夜温）、光照不足引起。

3. 防治方法

（1）加强水肥管理。控制氮肥施用量，避免土壤时干时湿。

（2）控制夜温不要过高，阴雨天光照不足时人工补充光照。

（3）苗期进行适度炼苗，必要时可喷洒芸薹素内酯提高植株抗逆性。

十二、辣椒肥害

1. 病害特征

一般叶片先出现症状，多为边缘呈不规则的黄色或褐色坏死斑；严重时叶片卷曲，大部分坏死（图3-20）。

图3-20　辣椒肥害症状

2. 发生原因

化肥使用过多或施用未腐熟的有机肥，土壤内盐离子浓度过大或有机肥发酵导致烧根。

3. 防治方法

（1）测土配方施肥。

（2）多施腐熟有机肥，减少化肥使用量。

（3）发病后多浇水，放风排气，有必要时施用海藻酸类叶面肥，可促进恢复。

十三、辣椒药害

1. 病害特征

药害症状多种多样，各不相同。有的叶面出现条状黄褐色枯斑（图3-21），扩大后成为黄白色枯斑。有的叶面出现畸形隆起（图3-22）。有的叶片上形成褐色至黑褐色小点状坏死斑（图3-23）。也有的引起叶片皱缩卷曲（图3-24），类似于生理性卷叶。果实受害，果面出现黄褐色至黑色、不规则形或圆形凹陷病斑。

图3-21　黄褐色枯斑　　　　　图3-22　畸形隆起

图3-23 黑褐色小点状坏死斑

图3-24 叶片皱缩卷曲

2. 发生原因

杀菌剂、杀虫剂等化学农药用量过大、含量过高、高温期间用药或使用对作物敏感的药剂均易引发药害。

3. 防治方法

（1）使用农药前，认真研究用药方法、用药剂量及使用时间，科学用药。

（2）发生药害后，及时灌水并喷洒赤霉素或芸薹素内酯等生长调节剂缓解药害。

十四、辣椒日灼病

1. 病害特征

发病时，果实向阳面呈灰白色或浅白色，呈革质状，表皮变薄（图3-25），后期斑面上长出黑色或粉红色霉状物（腐生菌）。

图3-25　辣椒日灼病症状

2. 发生原因

因光照过强，果实局部受热，灼伤表皮细胞引起，一般叶片遮阴不好、土壤缺水或天气干热过度、雨后暴热，均易引发此病。

3. 防治方法

（1）合理密植。使叶片互相遮阴，或与高秆作物（如玉米等）间作，避免果实暴露在强光下。

（2）采用遮阳网覆盖，避免太阳光直射果实。

（3）向植株喷水有助于降温，可减轻为害。

十五、辣椒高温障碍

1. 病害特征

叶片为主要受害部位，多先从叶缘出现不规则形黄色至褐色坏死斑（图3-26）。叶片受害后容易卷曲，受害重时出现大型褐色坏死病斑。

图3-26 辣椒高温障碍症状

2. 发生原因

温室内或田间，当温度高于30℃的时间较长，就会引起叶片受害，原因在于叶片进行正常生理活动所需各种酶的活性在高温条件下受抑制，叶片正常生理活动受到影响，造成叶片外观出现异常。

3. 防治方法

（1）当温度高时，使用遮阳网或降温剂，降低棚室内温度。

（2）适时通风，向叶面喷水，降低温度。

（3）提前喷洒0.1%硫酸锌或硫酸铜溶液，有助于提高植株耐热性。

十六、辣椒冷风为害

1. 病害特征

发病时，叶片扭曲变形，叶面出现边缘清晰、不规则形白色或浅褐色干枯斑（图3-27）。

图3-27　辣椒冷风为害症状

2. 发生原因

辣椒叶片被冷风吹引起。

3. 防治方法

（1）选用耐低温品种。

（2）对幼苗进行低温锻炼，提高抗逆性。

（3）采用地膜覆盖、地面覆草等措施提高地温；气温过低时，可采用补照灯等方法提高棚内光照及温度。

（4）露地栽培时，早期采用地膜"近地面覆盖"的形式覆盖幼苗。

第四章
辣椒的虫害防治

一、野蛞蝓

1. 为害特征

野蛞蝓食性杂，可为害大多数蔬菜，以番茄、辣椒、茄子、豇豆、菜豆等种类为主。植株的叶片、茎秆、果实均可受害，尤其喜食幼嫩部分，受害处被吃成缺刻或孔洞，取食果皮后常使果实出现带状伤痕（图4-1），同甜

图4-1　野蛞蝓为害症状

菜夜蛾的为害症状相似，严重时嫩茎、嫩枝被咬断，导致植株死亡，造成缺苗断垄。同时造成的伤口容易引起细菌侵染，加重为害。野蛞蝓为害时排泄的粪便及黏液也会造成蔬菜品质下降。爬行过的地方像蜗牛一样留下白色的黏液痕迹。

2. 形态特征

野蛞蝓成虫长25～50毫米、宽3～6毫米，呈长梭形，体表柔软光滑，多为灰色至深褐色（图4-2），也有的为黄白色或灰红色，体表有略凸起的条纹，呈同心圆形。头部前方有触角2对，呈深黑色，上面1对较长，下面1对稍短，眼睛在上边触角的顶端，口位于头部前方，内有角质的齿舌，分泌的黏液无色。卵为圆形或椭圆形，白色透明，后期变为灰黄色。幼虫体色较浅，多为灰褐色或浅褐色，体长2.0～2.5毫米、宽1.0～1.2毫米，形态与成虫相似。

图4-2　野蛞蝓成虫

3. 生活习性

在寿光蔬菜温室中，野蛞蝓1年完成2～3代，世代重叠，露地一般仅1代。以成体或幼体在蔬菜根部湿土下、土缝、石头缝、石板下、河岸边越冬。第二年气温回升后出来为害，白天多在土壤中、落叶下、薄膜下或石头缝等隐蔽处，昼伏夜出，一般在早晚或夜间活动取食，早上天亮时相继回到隐蔽处，若遇阴雨天则可整日取食为害。喜欢阴暗湿润的环境，湿度越大，越有利于其活动及为害。野蛞蝓怕光怕热，强光、干燥条件下，2～3小时即可导致其大量死亡。野蛞蝓雌雄同体，异体受精。对饥饿忍受力较强，在食物缺乏或干旱等不良条件下能长时间潜伏在阴暗土缝或草丛中不吃不动。成虫交配2天后即开始陆续产卵，一般产于潮湿的土壤缝中或隐蔽的石板下，每头成虫可产卵300多粒，产卵期为15天左右，卵可单粒、成串或聚集成团，土壤过干、光照过强会造成卵大量死亡。

4. 防治方法

（1）农业防治。提倡地膜覆盖栽培，可阻止野蛞蝓爬出地面，减轻为害；及时清除菜园中的垃圾及杂草，秋、冬季深翻土地，将其成体、幼体、卵充分暴露于地上，使其被晒死、冻死或被天敌取食，减少越冬基数；在菜园垄间或角落撒上生石灰，可较好地阻止野蛞蝓为害；有机肥应充分腐熟，同时可采取增加热源或光源的方式，创造不利于野蛞蝓活动的条件。

（2）物理防治。野蛞蝓喜湿怕光，一般在夜晚活动，22：00左右达到活动高峰，因此，可在此时间借助电灯照明，采用人工捕捉的方式灭杀野蛞蝓；野蛞蝓对香甜及腥味等有趋性，也可利用嫩菠菜叶、白菜叶等有气味的食物进行诱杀，一般傍晚将盛有青菜叶的塑料盘放置于垄间，第二天早上将塑料盘拿出棚外杀死野蛞蝓。

（3）生物防治。温室内野蛞蝓为害严重或连阴天时，可放鸭等家禽、蛙类或捕食性甲虫猎食野蛞蝓，防治效果较好。

（4）药剂防治。可撒施6%四聚乙醛颗粒剂或6%聚醛·甲萘威颗粒剂，每亩用量800～1 000克，10～15天后再施1次。清晨野蛞蝓尚在地表外时，喷洒硫酸铜800～1 000倍液或1%的食盐水，杀虫效果可达80%以上。

二、茶黄螨

1. 为害特征

茶黄螨可为害大多数蔬菜，其中以辣椒、茄子受害最重，还可为害黄瓜、甜瓜、丝瓜、菜豆、豇豆等。茶黄螨以成虫及幼虫的刺针吸食蔬菜的幼嫩部位为害，如幼叶、幼果等。叶片受害后变小、皱缩（图4-3），叶片增厚、僵硬、易碎、叶脉扭曲，因茶黄螨吸食叶片汁液常引起叶片受害部褪绿黄化（图4-4），叶片背面多呈黄白色至黄褐色，粗糙、有油质光泽（图4-5），后期茶黄螨常在新叶之间成片结网（图4-6）。茎秆及果柄受害后表皮变灰褐色至褐色，粗糙。果实受害后，常引起果皮开裂，种子外翻，形成馒头果，失去食用价值。

茶黄螨为害辣椒等蔬菜时常与病毒病的症状较相似，难以区分。实践中可通过以下两个特点鉴别：

（1）茶黄螨为害时，叶片背面呈油质光泽、粗糙状，而病毒病无此特点。

（2）用放大镜或显微镜观察叶片背面是否存在茶黄螨。

图4-3　叶片皱缩状

图4-4　褪绿黄化状

图4-5　叶片背面为害症状

图4-6　茶黄螨结网

2. 形态特征

卵长约0.1毫米，呈半透明椭圆形，多为灰白色。幼螨近椭圆形，躯体分3节，足为3对。雄成螨体长呈0.18～0.20毫米，体躯近六角形，呈浅黄色或黄绿色，腹末有锥台形尾吸盘。雌成螨较雄成螨略长，体躯呈阔卵形，分节不明显。

3. 生活习性

茶黄螨虫体较小，肉眼难以观察，繁殖速度快，多数地区发生代数在20～30代，温度越高，繁殖越快，在30～32℃时繁殖1代仅需4天。成螨及幼螨喜食植物的幼嫩部分，当幼嫩部分生长变老后，则继续向新的幼嫩部分转移为害，成虫为害植株时有结网的习性，此特性可作为与病毒病的区别。因喜高温，一般地区，多在6—9月为害严重，温室中因气温高可常年为害。

4. 防治方法

（1）生物防治。保护、释放巴氏钝绥螨防治茶黄螨。

（2）及时清除杂草，摘除老叶、病叶，集中烧毁，减少虫源。

（3）及时灌水，保持土壤湿度，抑制其繁殖速度。

（4）药剂防治。可选用下列药剂交替轮换使用：10%阿维·哒螨灵可湿性粉剂2 000倍液，或1.8%阿维菌素乳油3 000倍液，或15%浏阳霉素乳油1 500倍液，或5%唑螨酯悬浮剂2 000倍液，或20%甲氰菊酯乳油1 200倍液，一般7～10天喷1次，连喷3～4次，严重时可缩短为5天喷1次。

三、西花蓟马

1. 为害特征

西花蓟马以锉吸式口器取食植物的茎、叶、花、果，导致花瓣褪色、叶片皱缩，叶片、茎及果有时易形成伤疤，最终可能使植株枯萎，同时还传播番茄斑萎病毒在内的多种病毒。西花蓟马对辣椒、黄瓜、芹菜、西瓜、番茄等蔬菜均能造成较重为害。常引起叶片卷曲（图4-7）、叶片褪色、在叶片及果实上形成齿痕及疮疤（图4-8）。苗期叶片受害重时易形成空洞。幼虫多在叶片背面活动为害。

图4-7 叶片卷曲状　　　　　图4-8 果实上的疮疤

2. 形态特征

雌虫体长1.2～1.7毫米，体呈浅黄色至棕色，头及胸部色较腹部略浅，雄虫与雌虫形态相似，但体形较小，颜色较浅。触角有8节，腹部第8节有梳状毛。若虫有4个龄期。1龄若虫一般为无色透明，虫体包括头、3个胸节、11个腹节；存胸部有3对结构相似的胸足，没有翅芽。2龄若虫呈金黄色，形态与1龄若虫相同。3龄若虫呈白色，具有发育完好的胸足，具有翅芽和发育不完全的触角，身体变短，触角直立，少动，又称为"前蛹"。4龄若虫呈白色，在头部具有发育完全的触角、扩展的翅芽及伸长的胸足，又称为"蛹"。卵不透明，为肾形。

3. 生活习性

在温室内，西花蓟马可全年繁殖，每年繁殖12～17代，15℃下完成1代需要44天左右，30℃需要15天即可。每头雌虫一般产卵18～45粒，产卵前期在15℃时约为10天，20～30℃时2～4天，20℃时繁殖力最高。该虫将卵产于叶、花和果实的薄壁组织中，有时也将卵产于花芽中。27℃时卵期约为4天，15℃时卵期可达15天。干燥情况下卵易死亡。幼期4龄，前2龄是活动取食期，后2龄不取食，属于预蛹和蛹期。1龄若虫孵化后立即取食，27℃时历期为1~3天，2龄若虫非常活跃，多在叶片背面等隐蔽场所取食，历期从27℃的3天到15℃的12天。2龄若虫逐渐变得慵懒，蜕皮变为假蛹，这段历期在27℃时为1天，15℃时为4天，化蛹场所变化较多，多在土中，也可在花中。蛹期为3~10天。在室内条件下雌虫存活40~80天，雄虫寿命较短，约为雌虫的一半。在一个种群内，雄虫数量通常为雌虫的3~4倍。雄虫由未受精卵发育而来，未受精卵产自未交配雌虫。该虫在温暖地区能以成虫和若虫在许多作物和杂草上越冬，相对较冷的地区则在耐寒作物如苜蓿和冬小麦上越冬，寒冷季节还能在枯枝落叶和土壤中存活。

4. 防治方法

（1）农业防治。清除菜田及周围杂草，减少越冬虫口基数，加强田间管理，增强植物自身抵御能力也能较好地防范西花蓟马的侵害，如干旱植物更易受到西花蓟马的入侵，因此保证植物得到良好的灌溉就显得十分重要。另外，高压喷灌利于驱赶附着在植物叶子上的西花蓟马，减轻为害。

（2）物理防治。利用西花蓟马对蓝色的趋性，可采取蓝色诱虫板对两花蓟马进行诱集，效果较好。

（3）生物防治。利用西花蓟马的天敌蜘蛛及钝绥螨等可有效控制西花蓟马的数量。如在温室中每7天释放钝绥螨200~350头/米^2，完全可控制其为害。释放小花蝽也有良好防效，这些天敌在缺乏食物时能取食花粉，所以效果比较持久。

（4）药剂防治。药剂可选用2.5%多杀霉素悬浮剂1 000倍液，或10%虫螨腈乳油2 000倍液，或5%氟虫腈悬浮剂1 500倍液，或10%吡虫啉可湿性粉剂2 000倍液等喷雾，7～10天喷1次，连喷2～3次。喷洒农药时，一要注意不同的农药交替使用以削弱其抗药性，二要注意使用的间隔期及密度。一般而言一种农药使用2个月为佳。这样可减轻化学杀虫剂的选择压力，延缓害虫抗药性的产生。

四、温室白粉虱

1. 为害特征

温室白粉虱是主要的温室类害虫，其寄主广泛，可为害番茄、辣椒、茄子、瓜类、豆类蔬菜等绝大多数蔬菜。喜欢大量成虫及若虫聚集在叶片背面，通过吸食蔬菜叶片的汁液，造成叶片褪绿变黄，严

图4-9 温室白粉虱引起的煤污病滋生

重时叶片萎蔫干枯。为害的同时分泌蜜露，容易引起煤污病的滋生（图4-9），影响蔬菜产量及品质。温室白粉虱还是多种病毒的传毒介体。

2. 形态特征

成虫（图4-10）体长1.0～1.6毫米，头部呈浅黄色，其余部位呈粉白色。翅表及虫体被白色蜡粉包围，又称为小白蛾。卵（图4-11）呈长椭圆形，长0.15～0.2毫米，初为浅绿色至浅黄色，孵化前加深为深褐色。若虫共4龄，1龄若虫到3龄若虫呈浅绿色或黄绿色，体长不断增加，为0.25～0.53毫米，其中2龄若虫和3龄若虫的足及触角退化。4龄若虫也叫"拟蛹"，呈扁平状，随时间发展，逐渐增厚，初期为绿色，后期颜色加深，体表有数根长度不一的蜡丝。

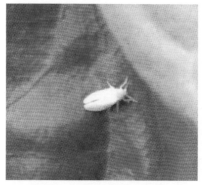
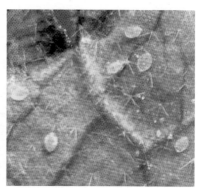

图4-10　温室白粉虱成虫形态　　图4-11　温室白粉虱的卵及拟蛹

3. 生活习性

每年发生代数因地区而异，南方温度较高可常年发生，北方地区温室内一年可发生10余代，温室内可终年为害，室外因温度低难以越冬。成虫羽化后数天即可产卵，每个雌虫可产100～200粒卵，卵多产于叶片背面，卵柄从气孔插入叶片内，不易脱落。因温室白粉虱喜食幼嫩部分，故其在植株垂直方向的虫龄（从卵到成虫）从上到下依次增大，卵孵化后的1龄若虫可在叶片背面短距离行动，2龄若虫以后因为足的退化，无法行动，只能固定取食。

4. 防治方法

（1）农业防治。

①清洁田园。育苗、定植前清除病残体、杂草，保持温室清洁，通风口安装防虫网。

②科学种植。避免黄瓜、番茄、菜豆等蔬菜混栽，可种植温室白粉虱不喜食的十字花科蔬菜。

③黄板诱蚜。选用20厘米宽、40厘米长的黄色纤维板，涂上机油，挂在温室中，每隔1.5米放置1片黄板，高度在作物顶部20厘米以上，10~15天更换1次。

（2）生物防治。利用天敌丽蚜小蜂或草蛉防治。丽蚜小蜂释放比例为（2~3）：1，每隔15天释放1次。

（3）药剂防治。因世代重叠，在同一时间同一植株上温室白粉虱的各虫态均存在，而当前缺乏对所有虫态皆理想的药剂，所以采用药剂防治，必须连续几次用药。可选用的药剂如下：25%噻嗪酮可湿性粉剂2 000倍液，或3%啶虫脒乳油1 200倍液，或70%吡虫啉水分散粒剂1 500倍液，或25%噻虫嗪水分散粒剂3 000倍液，或2.5%联苯菊酯乳油5 000倍液，7天喷1次，连喷3~4次。喷药时注重在叶片背面喷洒。

五、棉铃虫

1. 为害特征

棉铃虫是茄果类蔬菜的主要害虫。以幼虫蛀食蕾、花、果为主，也为害嫩茎、叶和芽。花蕾受害时，苞叶张开，变成黄绿色，2~3天后脱落。幼果常被吃空或引起腐烂而脱落，成果虽然只被蛀食部分果肉，但因蛀孔在蒂部，便于雨水、病菌流入引起腐烂（图4-12），所以，果实大量被蛀食，导致果实腐烂脱落，造成减产。

图4-12 棉铃虫为害状

2. 形态特征

成虫体长14~18毫米，翅展30~38毫米，灰褐色。前翅中有一环纹褐边，中央一褐点，其外侧有一肾纹褐边，中央一深褐色肾形斑；肾纹外侧为褐色宽横带，端区各脉间有黑点。后翅黄白色或淡褐色，端区褐色或黑色。卵直径约0.5毫米，半球形，乳白色，具纵横网络。老熟幼虫（图4-13）体长30~42毫米，体色变化很大，由淡绿色至淡红色至红褐色乃至黑紫色。头部黄褐色，背线、亚背线和气门上线呈深色纵线，气门白色。两根前胸侧毛连线与前胸气门下端相切或相交。体表布满小刺，其底座较大。

蛹长17～21毫米，黄褐色。腹部第5～7节的背面和腹面有7～8排半圆形刻点。臀棘2根。

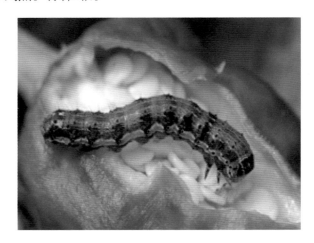

图4-13　棉铃虫成虫

3. 生活习性

初孵幼虫取食嫩叶尖及小花蕾。2～3龄开始蛀害蕾、花、果，4～5龄频繁转果蛀食。早期幼虫喜食青果，近老熟时期则喜食成熟果及嫩叶。一头虫可为害3～5个果，引起果实腐烂、脱落。棉铃虫以蛹在土中越冬。棉铃虫一年发生4～5代，以第二代为害最严重。

4. 防治方法

（1）冬耕冬灌，消灭越冬源。

（2）在成虫羽化盛期，利用黑光灯或杨树枝诱杀成虫。

（3）药剂防治：选用20%杀灭菊酯2 000～3 000倍液，50%辛硫磷1 000倍液喷施。喷药应着重喷植株上部的幼嫩部位。最好在下午至傍晚进行施用。

六、烟青虫

1. 为害特征

烟青虫主要为害辣椒和烟草，喜食辣椒果实，也为害花、蕾、芽、叶和嫩茎。初孵幼虫能日夜活动为害，3龄后食量增大。为害辣椒时，烟青虫全身蛀入果内，果实外可见孔沿，整个幼虫钻蛀果实内，啃食并排泄大量粪便，果表仅留1个蛀孔（图4-14，

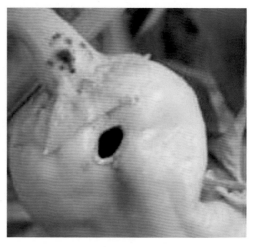

图4-14　烟青虫为害辣椒蛀孔

图4-15），果肉和胎座被取食，残留果皮，果内积满虫粪和蜕皮（图4-16），使果实不能食用。

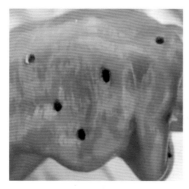

图4-15　为害多处形成的蛀孔

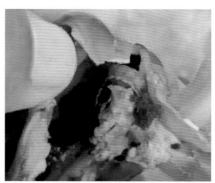

图4-16　辣椒果实内部为害症状

2. 形态特征

烟青虫老熟幼虫体形大小及体色变化与棉铃虫相似。体侧深色纵带上的小白点不连成线，分散成点。体表小刺较棉铃虫短、圆锥形，体壁柔薄较光滑。成虫黄褐色（图4-17），体长14～18毫米，翅展27～35毫米，前翅长度短于体长，翅上肾状纹、环状纹和各条横线较清晰，后翅棕黑色宽带中段内侧有一棕黑线。幼虫体色变化大，有绿色、灰褐色、绿褐色等多种。老熟幼虫绿褐色，长约40毫米，体表较光滑，体背有白色点线，各节有瘤状凸起，上生黑色短毛。卵稍扁，卵孔明显。蛹体前段显得粗短，气门小而低，很少凸起。

图4-17　烟青虫成虫

3. 生活习性

烟青虫一般一年发生4～5代。在华北一年2代，以蛹在土中越冬；华南一年发生5代，以蛹在土中作土室越冬。成虫昼伏夜出，卵产于中上部叶片近叶脉处（前期）或果实上（后期），单产。在辣椒上，卵多散产于嫩梢叶正面，少数产于叶反面，也可产于花蕾、果柄、枝条、叶柄等处。晚上产卵有两个高峰期：20：00—21：00和23：00—24：00。卵孵化也有两个高峰期：17：00—19：00和翌日6：00—9：00。初孵幼虫先将卵壳取食后，再蛀食花蕾或辣椒嫩叶，3龄幼虫开始蛀食辣椒果实，幼虫有转果为害的习性。发育历期：卵3～4天，幼虫11～25天，蛹10～17天，成虫5～7天。成虫对萎蔫的杨树枝有较强的趋性，对糖蜜亦有趋性，趋光性则弱。幼虫有假死性，可转果为害。天敌有赤眼蜂、姬蜂、绒茧蜂、草蛉、瓢虫及蜘蛛等。

4.防治方法

（1）冬季翻耕灭蛹，减少越冬虫源。

（2）黑光灯、杨柳树枝把诱杀成虫。也可在辣椒地附近栽种烟草地带，以引诱越冬成虫集中产卵，便于消灭。另外，喷1%～2%的过磷酸钙有驱赶烟青虫、棉铃虫成虫的作用，因此可减少田间产卵量，减轻为害。

（3）及时摘除被蛀食的辣椒果，消灭果内幼虫。

（4）药剂防治：在初龄幼虫蛀果前喷药效果才好。可选用20%杀灭菊酯2 000～3 000倍液，50%辛硫磷1 000倍液。喷药应着重喷植株上部的幼嫩部位。最好在下午至傍晚进行喷药。

七、蚜虫

1.为害特征

蚜虫是为害辣椒最严重的刺吸性害虫，一年为害辣椒有多次高峰期。为害辣椒的蚜虫以棉蚜为主，在北方发生比较普遍。在新疆维吾尔自治区、宁夏回族自治区和东北沈阳以北地区发生较多。喜在叶面上刺吸植物汁液（图4-18），造成叶片卷缩变形（图4-19），植株生长不良，影响生长，并因大量排泄蜜露、蜕皮而污染叶面，并能传播病毒病。

图4-18 蚜虫为害症状

图4-19 叶片卷缩变形

2. 形态特征

辣椒蚜虫（图4-20）个体小，体长2.1～2.3毫米，柔软，触角长，腹部上有一对圆柱突起，叫"腹管"，腹部末端有一个凸起的"尾片"。蚜虫分有翅蚜和无翅蚜两类。有翅蚜可以迁飞，而无翅蚜只能爬动。蚜虫对黄色，橙色有很强的趋性，而对银灰色有负趋性。

图4-20 辣椒蚜虫

3. 生活习性

蚜虫群体密度过高或植株老化或生长不良时会出现大量的有

翅蚜虫迁飞扩散，并借风传播，扩大为害范围。有翅成虫对黄色具有很强的趋向性，对银白色则有负趋向性，在温暖干燥环境下生活，当气温在18～25℃、空气相对湿度在75%以下时可大量发生繁殖，春末夏初和秋季是为害高峰期。

4. 防治方法

（1）清洁田园：清除田间及其附近的杂草，减少虫源。

（2）覆盖栽培：利用蚜虫对银灰色有负趋性的特点，达到避蚜防病的目的。

（3）黄色诱虫：利用蚜虫对黄色有趋性的特点，在田间设置黄色诱虫板，诱杀有翅蚜。黄色板大小1米×0.2米，黄色部分涂上机油，插于辣椒行间，高出植株60厘米，每亩放30块。

（4）药剂防治：应在蚜虫迁飞扩散之前或在点片发生阶段及时喷药。由于蚜虫多在心叶及叶背面，难于全面、彻底喷药触杀，所以除注意细致周到的喷药之外，在药剂选择上要尽量选择兼有触杀、内吸、熏蒸三重作用的农药。但是这种药残效期长，安全间隔期6天以上，所以在辣椒采收期，尤其是采收盛期不宜使用。将乐果乳油加1～2倍的食用醋，再对水1 000倍液，可提高防效。

八、地老虎

1. 为害特征

地老虎主要以幼虫为害幼苗，将辣椒叶子啃食成孔洞、缺刻，大龄幼虫白天潜伏于辣椒根部土中，傍晚和夜间咬断近地面的基部，致使辣椒地上部分枯死，造成缺苗断垄。

2. 形态特征

成虫为暗褐色的蛾虫（图4-21），体长16～23毫米，翅展40～54毫米，前翅黑褐色，内、外横线将翅分为3段，具有显著的环形纹和肾形纹，肾形纹外有1条黑色楔形纹，其尖端与亚外线上的2个楔形纹尖端相对。在横线外则环形纹的下方有5条剑状纹。后翅灰白色。卵呈半球形，乳白色至灰黑色。幼虫体长37～47毫米，呈圆筒形；头黄褐色、体灰褐色，体表布满大小不等的颗粒，臀板黄褐色，有2条深褐色纵带。有3对胸足，5对腹足。蛹为赤褐色，大小为15～25毫米。

图4-21　地老虎

3. 生活习性

地老虎以第一代幼虫为害严重，各龄幼虫的生活和为害习性不同。一龄、二龄幼虫昼夜活动，啃食心叶或嫩叶；三龄后白天躲在土壤中（图4-22），夜出活动为害；四龄后幼虫抗药性大大增强，因此，药剂防治应把幼虫消灭在三龄以前；地老虎成虫日伏夜出，具有较强的趋光和趋化性，特别对短波光的黑光灯趋性最强，对发酵而有酸甜气味的物质和枯萎的杨树枝有很强的趋性。

图4-22　土壤中的地老虎

4. 防治方法

（1）除草灭虫。杂草是地老虎产卵的场所，也是幼虫向作物转移为害的桥梁。因此，春耕前进行精耕细作，或在初龄幼虫期铲除杂草，可消灭部分虫、卵。

（2）诱杀防治。一是黑光灯诱杀成虫。二是糖醋液诱杀成虫，糖6份、醋3份、白酒1份、90％敌百虫1份调匀，或用泡菜水加适量农药，在成虫发生期设置，均有诱杀效果。三是堆草诱杀幼虫，在辣椒定植前，可选择地老虎喜食的灰菜、刺儿菜、苦荬菜、小旋花、苜蓿、青蒿、白茅、鹅儿草等杂草，堆放诱集地老虎幼虫，或人工捕捉，或拌入药剂毒杀。

（3）化学防治。地老虎2～3龄幼虫期抗药性差，且暴露在寄主植物或地面上，是药剂防治的适期。可用21%增效氰·马乳油8 000倍液，或2.5%溴氰菊酯或20%氰戊菊酯2 000倍液，或10%溴·马乳油2 000倍液，或90%敌百虫800倍液，或50%辛硫磷800倍液喷雾防治。

九、甜菜夜蛾

1. 为害特征

甜菜夜蛾是一种多食性害虫，以幼虫蚕食或剥食叶片造成为害（图4-23），低龄时常群集在心叶中结网为害，然后分散为害叶片。辣椒甜菜夜蛾以剥食辣椒叶片为主，影响辣椒的生长，应及时进行防治。严重时，可吃光叶肉，仅留叶脉，甚至剥食茎秆皮层。

图4-23 甜菜夜蛾为害状

2. 形态特征

成虫体长10～14毫米，翅展25～40毫米，体和前翅灰褐色，前翅外缘线由1列黑色三角形小斑组成，外横线与内横线均为黑白2色双线，肾状纹与环状纹均黄褐色，有黑色轮廓线。后翅白色，略带白色，略带粉红闪光，翅缘略呈灰褐色。

卵为馒头形，卵粒重叠，成多层的卵块，有白绒毛覆盖。

成长幼虫（图4-24）体长约30毫米，体色变化大，绿、暗绿、黄褐、黑褐色；幼龄时，体色偏绿。头褐色，有灰色白斑。前胸背板绿色或煤烟色。气门后上方有圆形白斑。

蛹长约10毫米，3～7节背面，5～7节腹面，有粗点刻。臀刺2根呈叉状，基部有短刚毛2根。

图4-24　甜菜夜蛾幼虫

3. 生活习性

在长江以南周年均可发生。在北方，全年以7月以后发生严重，尤其是9月、10月。成虫昼伏夜出，取食花蜜，具强烈的趋光性。产卵前期1～2天，卵产于叶片、叶柄或杂草上。卵以卵块产下，卵块单层或双层，卵块上覆白色毛层。单雌产卵量一般为100～600粒，多者可达1 700粒。卵期3～6天。幼虫5龄，少数6龄，1～2龄时群聚为害，3龄以后分散为害。低龄时常聚集在心叶中为害，并叶丝拉网，给防治带来了很大的困难。4龄以后昼伏夜出，食量大增，有假死性，受震后即落地。当数量大时，有成群迁移的习性。幼虫当食料缺乏时有自相残杀的习性。老熟后入土作室化蛹。

4.防治方法

（1）农业防治。晚秋或初冬翻耕土壤，消灭越冬的蛹。春季3—4月清除田间杂草，消灭杂草上的初龄幼虫。

（2）诱杀成虫。利用甜菜夜蛾的趋光性用黑光灯诱杀成虫，也可利用成虫的趋化性用糖醋酒液、胡萝卜、甘薯、豆饼等发酵液加少量的杀虫剂或性诱剂诱杀成虫。

（3）药剂防治。甜菜夜蛾具较强的抗药性，幼虫为害初期，可用40%菊·马乳油2 000～3 000倍液，或40%菊·杀乳油2 000～3 000倍液，或10%氯氰菊酯乳油2 000～3 000倍液，或5%农梦特乳油3 000倍液，或50%辛硫磷乳油1 500倍液，或10%天王星乳油8 000～10 000倍液，或2.5%功夫乳油4 000～5 000倍液，或20%灭扫利乳油2 000～3 000倍液，或20%马扑立克乳油3 000倍液，或21%灭杀毙乳油4 000～5 000倍液喷雾防治，每10～15天喷1次，连喷2～3次即可。

参考文献

李金堂. 2016. 辣椒病虫害防治[M]. 济南：山东科学技术出版社.

李贞霞. 2017. 辣椒优质栽培新技术[M]. 北京：中国科学技术出版社.

刘建萍. 2015. 辣椒绿色高效生产关键技术[M]. 济南：山东科学技术出版社.

王田利，王军利，薛乎然. 2015. 辣椒高效栽培技术问答[M]. 北京：化学工业出版社.